生命日记

昆虫

蜜蜂

陈东海 编写

吉林出版集团股份有限公司 全国百佳图书出版单位

图书在版编目（ＣＩＰ）数据

生命日记. 昆虫. 蜜蜂 / 陈东海编写. -- 长春：
吉林出版集团股份有限公司, 2018.4
ISBN 978-7-5534-1423-2

Ⅰ. ①生… Ⅱ. ①陈… Ⅲ. ①蜜蜂—少儿读物 Ⅳ.
①Q-49

中国版本图书馆 CIP 数据核字(2012)第 316436 号

生命日记·昆虫·蜜蜂
SHENGMING RIJI KUNCHONG MIFENG

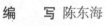

编　　写 陈东海
责任编辑 赵黎黎
装帧设计 卢　婷
排　　版 长春市诚美天下文化传播有限公司
出版发行 吉林出版集团股份有限公司
印　　刷 河北锐文印刷有限公司
版　　次 2018 年 4 月第 1 版　2018 年 5 月第 2 次印刷
开　　本 720mm×1000mm 1/16
印　　张 8
字　　数 60 千
书　　号 ISBN 978-7-5534-1423-2
定　　价 27.00 元
地　　址 长春市人民大街 4646 号
邮　　编 130021
电　　话 0431-85618719
电子邮箱 SXWH00110@163.com

目 录

Contents

目 录

Contents

目 录

Contents

目 录

Contents

蜜　　蜂

　　我叫小蜜蜂，是世界上最勤劳的动物之一，也是对人类有益的昆虫之一。我过着群居的生活，一生都在以花为生，包括花粉及花蜜。我们酿造的蜂蜜中，除了含有葡萄糖、果糖之外，还含有各种维生素、矿物质和多种氨基酸，营养价值超高。

我是小蜜蜂

5月6日 周日 晴

嗨！大家好，我是小蜜蜂。一说到我们小蜜蜂，人们马上就会联想起我们飞舞在花丛中采集花蜜、花粉的情形："小蜜蜂，嗡嗡嗡，飞到西，飞到东，一飞飞到花园中，花园中，梨花白，桃花红，忙着去做工，采了蜜贮巢中，预备过寒冬。"不过，我现在还不能飞，因为我还只是王后妈妈刚刚产下的一粒卵，小小的、白白的，站在育儿房底部的中央。我要在这里待上21天，度过3个不同的发育阶段——卵期、幼虫期和蛹期，最后成为一只会飞的小蜜蜂。给我加油哦！

我在育儿房又站了一天

5月7日 周一 晴

大家知道吗？我有一个非常漂亮的学名叫西方蜜蜂(Apis mellifera)，意思是"会采蜜的蜂"。我们西方蜜蜂是个大家族，占家养蜜蜂的绝大多数，分布于世界各地。我们来自遥远的非洲，早在1亿年前的白垩纪早期的恐龙时代，就有了我们的祖先，后来逐步分散到欧亚大陆各个角落，发生了适合当地条件的进化，17世纪以后才来到美洲。今天，我依旧像昨天那样，面向地面侧立站着，苗条的身体像香蕉一样细长，头尾两端丰满钝圆，远远看去，亭亭玉立。

4

我要躺下休息了

5月8日　周二　晴

　　育儿房一个挨着一个，紧挨着我的姐姐、妹妹们也是这样站着，就像一颗颗钉子似的悬挂在墙面上，整齐一致。妈妈在产下我们时，为了保护我们的生命，使用了一种"胶"，把我们牢牢地黏在了育儿房的底部，即便养蜂人用摇蜜机快速地甩蜜，也不至于将我们甩落。这是一个谜，许多生物学家都对妈妈在产卵时分泌的黏液感兴趣，虽进行过研究，但至今也没搞清楚"胶"的奥秘。都已经站立两天了，今天真的有点累了，我应该休息了。

我变成了一只虫宝宝

5月9日 周三 晴

巡视照看我的蜂儿姐姐，看见我已经躺卧在了育儿房的底部，赶紧把头伸了进来，在我的身边放了一些蜂乳。我整个身子都浸泡在蜂乳中，外衣也被浸湿泡软了。哇！我都三

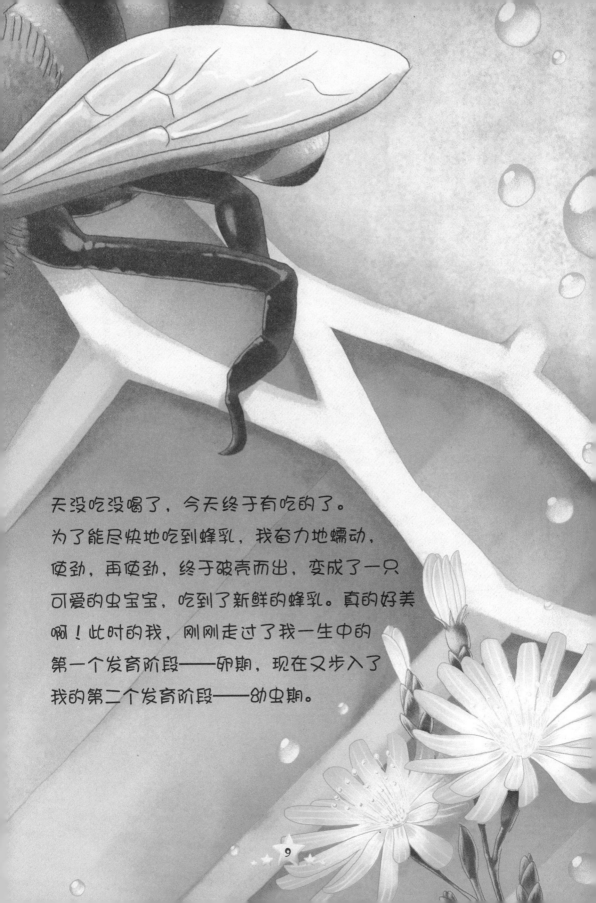

天没吃没喝了，今天终于有吃的了。
为了能尽快地吃到蜂乳，我奋力地蠕动，
使劲，再使劲，终于破壳而出，变成了一只
可爱的虫宝宝，吃到了新鲜的蜂乳。真的好美
啊！此时的我，刚刚走过了我一生中的
第一个发育阶段——卵期，现在又步入了
我的第二个发育阶段——幼虫期。

蜕皮后我长大了

5月11日　周五　晴

刚刚孵化出房的我非常地漂亮，体重大约0.3毫克，皮肤是透明的蛋青色，软软的，嫩嫩的，像一弯月牙，静悄悄地镶嵌在育儿房底部的一湾池水中。昨天，我进行了第一次蜕皮，比我刚刚孵化出房时又长大了许多。今天，我又进行了第二次蜕皮。现在看我呀，就像英文字母"C"一样，皮肤也逐渐变成了白色。最令我高兴的是，我身边到处都是蜂乳，简直就是泡在了蜂乳中。蜂儿姐姐不断地给我添加蜂乳，让我放开肚子吃，好快快地长大。

我又长大了许多

5月12日 周六 晴

每天不做什么事情，泡在蜂乳中，我过得非常安逸。我的任务就是吃，嘴不停地吃，吃得饱饱的。告诉你们呀，我有一个巨大的"胃"，解剖学上叫做中肠，是个圆筒状的囊，几乎像身体一样长，能装下很多的食物。还有一个你们想不到的事，我是"只吃不拉"，我的中肠和直肠是不连通的，吃掉的食物几乎都被吸收了，少量的粪便也不排出去，暂时积存在中肠末端。今天，我又进行了第三次蜕皮，而且越长越壮，身体也更加弯曲了，体重已是刚刚孵化时的200多倍了。

我又蜕皮了

5月13日 周日 晴

今天，我第四次蜕皮，头和尾几乎要合拢到一起了。我吃的食物，已不是前三天的蜂乳了，而是一种黏黏的、甜甜的、口感还不错的黄色乳糜。我问蜂儿姐姐："为什么给我换了食物？"蜂儿姐姐说："咱们工蜂、雄蜂幼虫发育到4日龄就要吃这个了。这种食物叫蜂粮，是用花粉和花蜜精心调制的，只有王后妈妈才有资格终身享用蜂乳。一只虫宝宝三天要吃掉25毫克蜂乳，虽然量不是很大，但所有虫宝宝都吃，数量就会相当多了，也许咱们王国就是基于这样的考虑吧！"

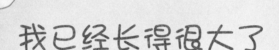

我已经长得很大了

5月14日　周一　晴

今天的我，样子非常难看，臃肿的身躯完全蜷曲着，头尾紧靠在一起，像一个圆环，占据了整个育儿房的底部。原本就不是很灵活的我，现在行动更不方便了。可以这样形容我这几天的生长状态：不是一天一天地长，也不是一小时一小时地长，而是一分钟一分钟不停地长。今天，我的体重已是最初体重的1000多倍了。你们想象一下，如果人类的宝宝也以这个速度生长，那么就意味着一个出生时只有3.5千克的婴儿，5天后体重就能达到3500千克，不可思议吧！

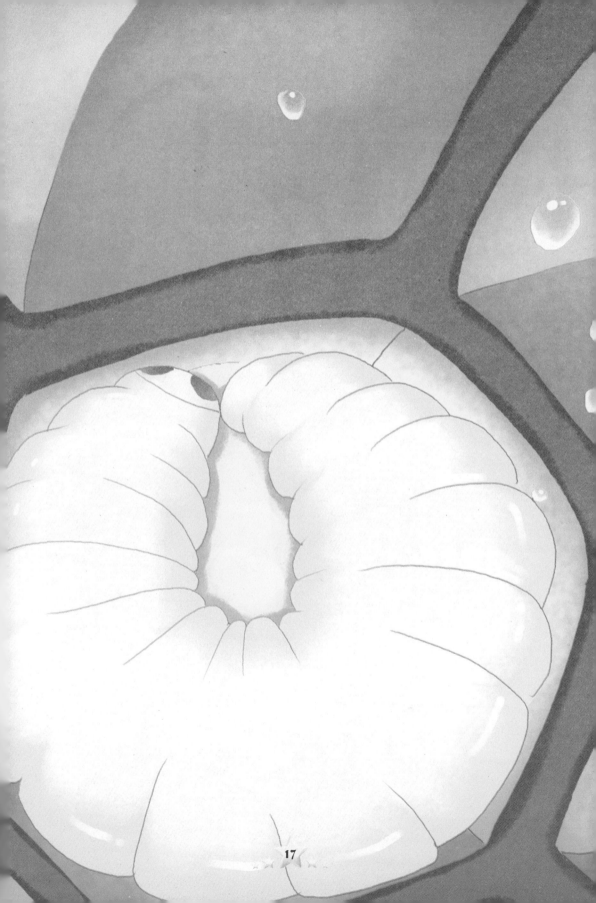

我站了起来

5月15日　周二　晴

　　算一算，这种安逸的生活到今天，已经是第6天了，也就是说，现在的我呀，已经是6日龄的老熟幼虫了，皮肤白里泛着黄色。臃肿的我一直躺卧着，感觉非常不舒服。我决定活动一下，换了个姿势，无意间竟站立了起来。站立后发现，我是个大胖子，填满了大半个育儿房，尖尖的头朝向上方，由13个分节的体躯支撑着。虽然我现在还没有长出眼睛来，但却能感知到外面世界的宽广，感知到蜂儿姐姐们的忙碌。快快地长大吧，我也会像蜂儿姐姐们那样努力工作的！

我的育儿房加上了盖子

今天怎么了，我发现蜂儿姐姐久久地站在育儿房口不肯离去，还转动着身体，晃动着头。不对呀，怎么育儿房口越来越小、越来越暗了呢？蜂儿姐姐说："好妹妹，不用担心，6日龄后的幼虫要开始休眠化蛹了，你呀，马上就要步入第三个发育阶段——蛹期了。这是一个非常关键的发育时期，为了防止外界不良环境的干扰，让你安安静静、平平安安地化蛹发育，要给你的育儿房加上盖子，就像盖被子一样。"噢，原来是这样啊！谢谢你了，蜂儿姐姐！

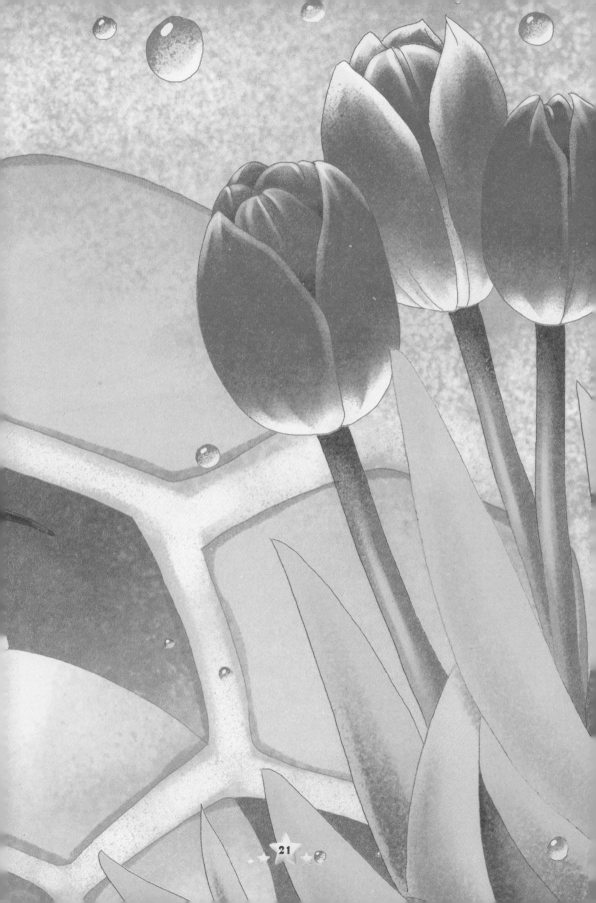

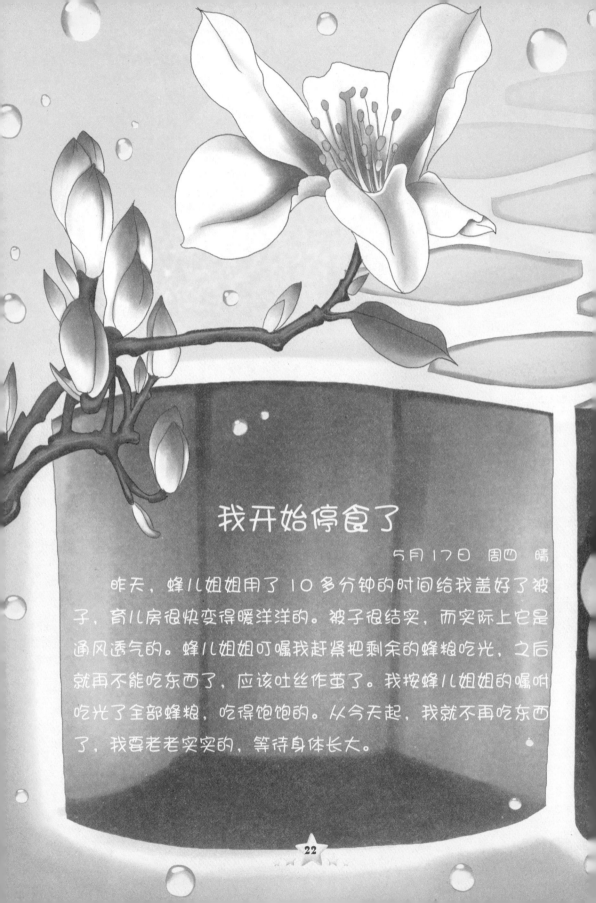

我开始停食了

5月17日 周四 晴

　　昨天，蜂儿姐姐用了10多分钟的时间给我盖好了被子，育儿房很快变得暖洋洋的。被子很结实，而实际上它是通风透气的。蜂儿姐姐叮嘱我赶紧把剩余的蜂粮吃光，之后就再不能吃东西了，应该吐丝作茧了。我按蜂儿姐姐的嘱咐吃光了全部蜂粮，吃得饱饱的。从今天起，我就不再吃东西了，我要老老实实的，等待身体长大。

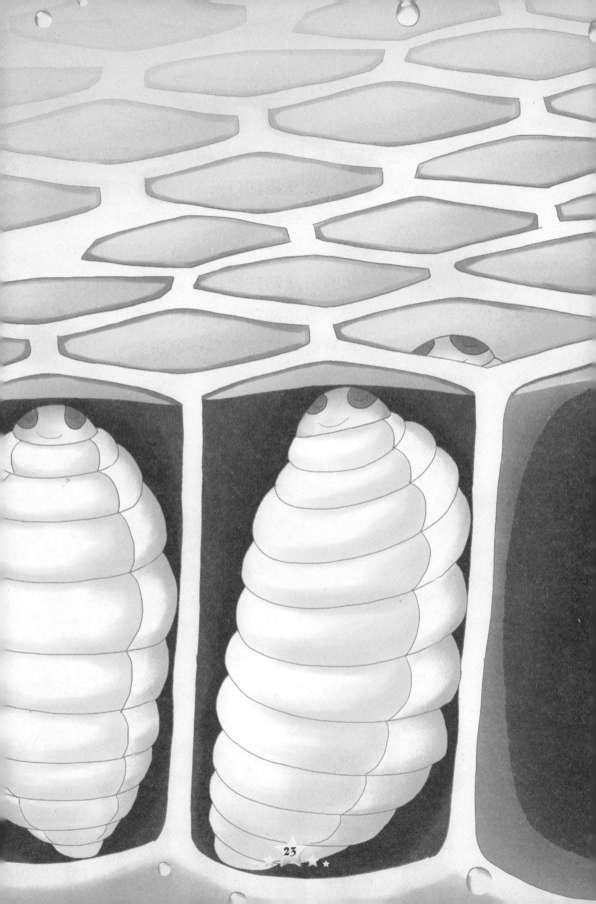

我开始吐丝作茧了

5月18日　周五　晴

今天，我开始调整身体姿势，将蜷曲的身体逐渐伸直，头朝向育儿房口。同时，我还把前几天积存在中肠里的粪便一次性排出，打通了中肠与直肠。一切准备就绪后，我开始在育儿房里吐丝作茧。我吐出的丝不多，作的茧也只有极薄的一层，像一张薄纸粘贴在育儿房墙壁上。你们肯定想象不到，臃肿的我，竟然能在育儿房里一边吐丝一边转圈。作茧完成后，我静静地等待着下一个生长阶段的到来。为我助威加油吧！

26

我进入了蛹期发育阶段

5月19日 周六 晴

今天，对于我来说，又是一个值得纪念的日子。我进行了第五次蜕皮，真正步入了我的第三个发育阶段——蛹期。此时的我貌似平静，实际上体内却在发生着剧烈的变化——进行内部器官的改造和分化，长出成虫的飞行器官。这个阶段对于我来说非常重要，外界的温湿度等环境变化，都将影响我的正常发育。我要耐住最后的寂寞，为早日成为自由飞翔在花丛中的小蜜蜂而努力！

我变得洁白如玉

5月20日 周日 晴

现在看我呀，已和幼虫阶段没有一点相同之处了。我是全变态昆虫，一生有4个不同的发育阶段，各个阶段在外部形态、内部器官、生活习性方面都有很大的差别。值得炫耀的是我现在的身体。我仰面朝天，头向房口，翅膀、触角、腿脚都已展开，复眼和嘴也出现了，只有胸节、腹节还保留着幼虫的特征。此时的我变得非常漂亮，全身上下都是半透明的白色，就像用洁白、半透明的玉石雕琢出来的工艺品一样。

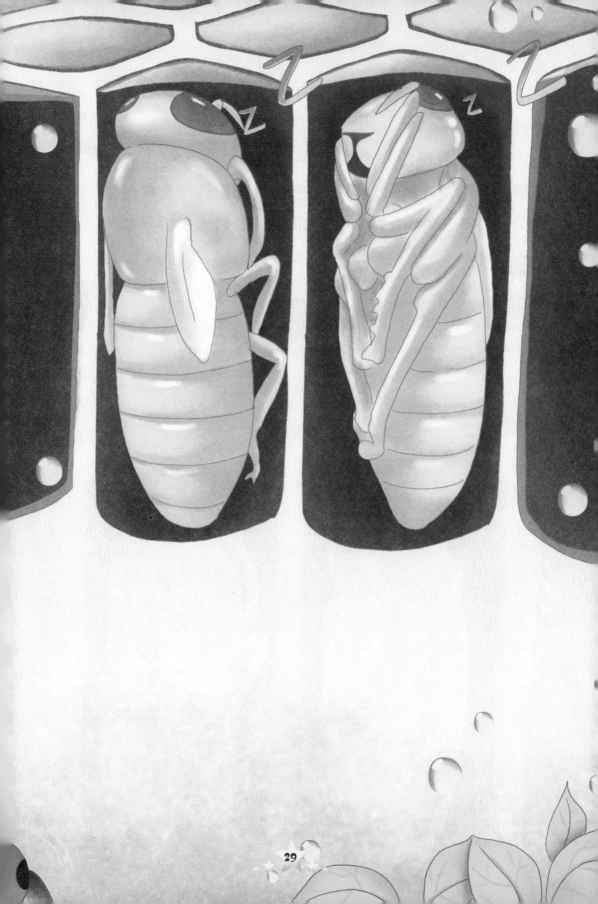

我长出了两对翅膀

5月21日 周一 晴

　　我们蜜蜂是人类饲养的小动物之一，是小天使，拥有两对翅膀，可以自由地飞翔在蓝天和花丛中。我们的翅膀是膜质的，透明并带有细长的网状

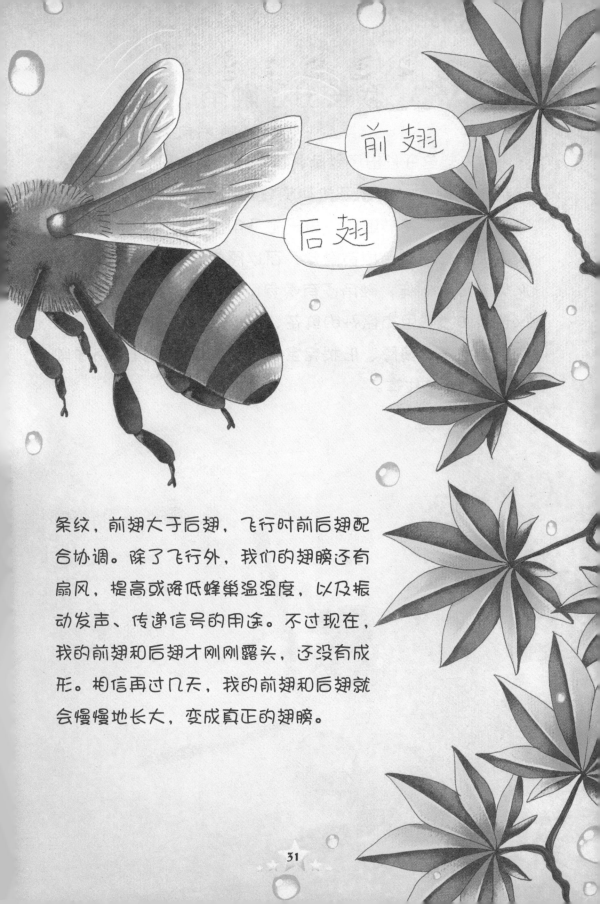

前翅

后翅

条纹，前翅大于后翅，飞行时前后翅配合协调。除了飞行外，我们的翅膀还有扇风，提高或降低蜂巢温湿度，以及振动发声、传递信号的用途。不过现在，我的前翅和后翅才刚刚露头，还没有成形。相信再过几天，我的前翅和后翅就会慢慢地长大，变成真正的翅膀。

我长出了触角

5月22日 周二 晴

今天我终于长出了触角，虽然在幼蛹阶段就露出了头。我的触角是一对，属于典型的膝形，长在头上，由柄节、梗节和10个鞭节组成，是一个多用途感觉器官。像人类的皮肤一样，触角边有触觉，可以感觉到温度和湿度；像人类的鼻子一样，触角还有嗅觉，可以嗅到气味。触角可以让我知道哪里有盛开的鲜花，可以让我筑造令人类赞叹不已的大小、薄厚、形状完全一致的蜂巢。如果没有了触角，我将无法生存。

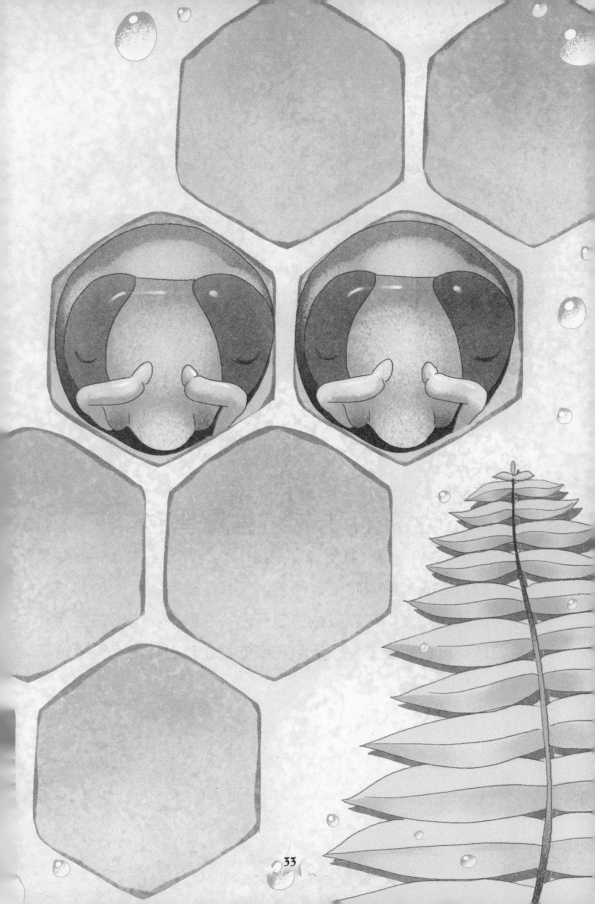

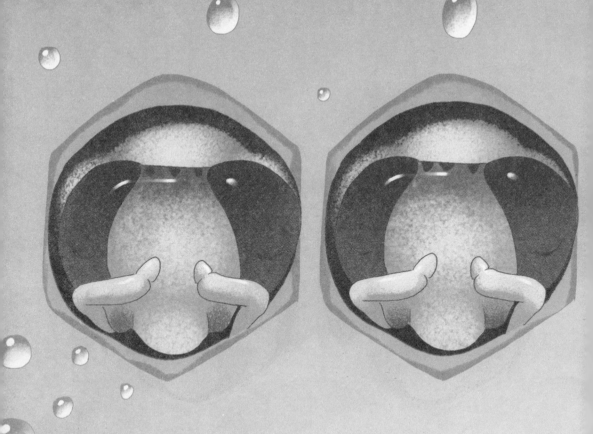

我的眼睛看红色是黑色

5月23日　周三　晴

我的眼睛有复眼和单眼两种。复眼是一对，大大的，长在头的两侧，大约在我成蛹的四天后，它们开始由粉红色变成紫红色。单眼是三个，呈倒三角形长在我的头顶。复眼和

单眼承担着不同的任务，复眼可以分辨颜色和形状，单眼可以分辨明暗。我还要告诉你们一个秘密，复眼是由数千个小眼组成的，大约有5000个吧，所以呀，我们看到的世界与人类看到的是完全不同的。还有，我们对红色没有感觉，只能分辨出蓝色、绿色、黄色和紫色。

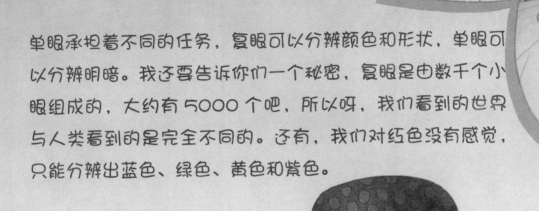

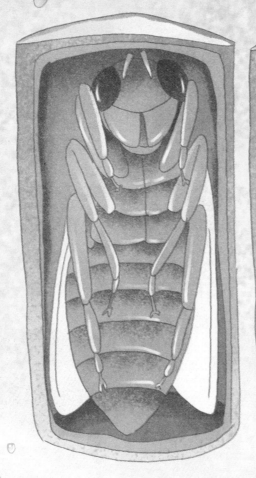
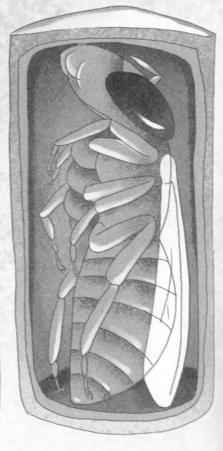

我有六条腿

5月24日 周四 晴

　　幼蛹时，我的头、胸、腹还没有分开，但腿已经展开了。到了蛹成熟时，胸部和腹部才明显分开，腿也逐渐发育成形。我的腿在形态学上叫足，有三对，前足、中足和后足，分别生长在前胸、中胸和后胸腹

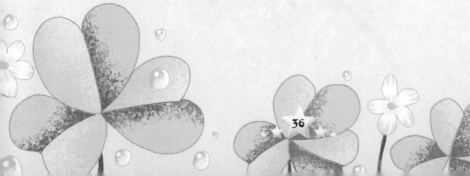

板的两侧，每对足的大小和形状都不相同。还是
称它们为腿吧。我的腿，除了行走外，还有一些
高度特化的构造，是专门用来采集、携带花粉和
树脂的。这些特化构造在王后妈妈、雄蜂兄弟的
腿上是没有的，它们不用担负采集工作，不需要
这些特化构造。

我的嘴很特别

5月25日 周五 晴

我的嘴是嚼吸式的，既能吃固体食物，又能吃液体食物，由上唇、上颚、下唇和下颚等构成。上唇，用来阻挡从前方来的食物。上颚有一对，形状酷似刀斧，在吃花粉、采集树脂和筑巢时，用它们来咀嚼和啃咬，遇到敌害，也用它们进行攻击。采集花蜜时，我会用下唇和下颚组成一个吮吸的器官——口喙，直接插到花朵中，吸取甜甜的蜜汁。不用时，我会将下唇和下颚分开，折叠在头的下方。

我发育成蜂了

5月26日 周六 晴

我的头、胸、腹分成了三个体段，虽然内部器官仍在继续分化，但外貌特征已经形成了。今天，我进行了最后一次蜕皮。蜕皮时分泌出一种蜕皮液，将薄薄的蛹衣化掉。我现在发育成熟了，已经是一只身体成形、翅膀舒展、可以自由活动的幼蜂了。由于经历了一系列剧烈变化，消耗了我体内的能量储备，体重大大减轻了，现在还不足100毫克，减掉了近1/3。

我终于走出了房间

5月27日 周日 晴

今天，我试着晃了晃头，又动了动腿和翅膀，它们都能活动了，可就是伸展不开。哦！原来我还在育儿房里，光顾高兴，都忘了自己在什么地方了。我赶紧仰起头，用上颚撕咬封盖，蜂儿姐姐也过来帮忙，很快咬开了一个口子。我试

着先把触角和头伸出去，然后用两条前腿抓住房口，用力地向上撑，终于整个身子出了育儿房。刚出房的我，身体极度虚弱，走起路来摇摇晃晃的。蜂儿姐姐把嘴伸过来，喂了我一些花粉和花蜜，又帮我清理了裹在身上的残余蛹衣。我终于走出了房间！

我开始工作了

5月28日　周一　晴

出房第一天没分配任何工作，只是自己照顾自己，到饲料房去领食花粉和花蜜。我吃得不多，一次吃3～5毫克就够了，有时还接受蜂儿姐姐喂给的花蜜。我身体逐渐硬朗起来，并根据自己的日龄承担相应的工作，今天我的工作是清理巢房。这项工作主要由2～16日龄的内勤蜂来做，幼年蜂只能干一些力所能及的轻体力劳动，因为它们的内部器官还需要几天才能发育成熟。清理巢房的工作比较繁琐，必须不厌其烦地、一遍又一遍地打扫，直到符合王后妈妈产卵的要求。

我为育儿房保暖

5月30日 周三 晴

　　今天，外边气温很低，封盖的育儿房需要恒定的温度，我和蜂儿姐姐赶紧去为它们保暖。我将胸部紧贴在封盖上，触角也抵在上面，稳稳地收拢翅膀，抽动腹部，将身体的热

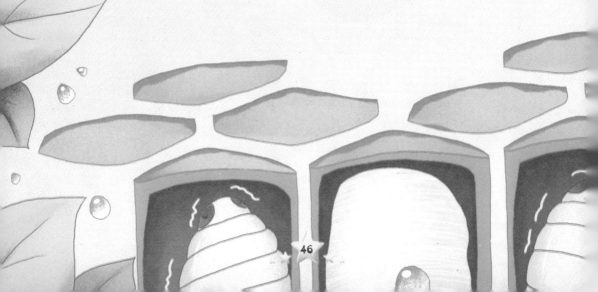

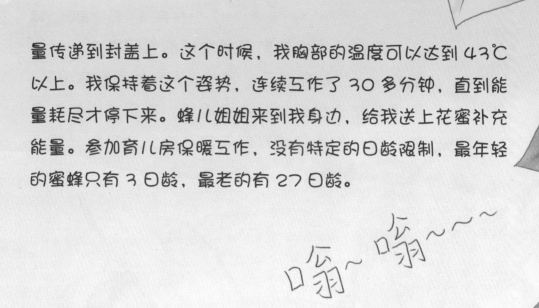

量传递到封盖上。这个时候，我胸部的温度可以达到 43℃
以上。我保持着这个姿势，连续工作了 30 多分钟，直到能
量耗尽才停下来。蜂儿姐姐来到我身边，给我送上花蜜补充
能量。参加育儿房保暖工作，没有特定的日龄限制，最年轻
的蜜蜂只有 3 日龄，最老的有 27 日龄。

嗡~嗡~~~

我学会了察看育儿房

5月31日 周四 晴

　　所有小蜜蜂都有高度发达的学习能力、认知能力，一生都在学习、劳作，无私地为家庭服务。每项工作的学习时间不会很长，甚至非常短。今天，蜂儿姐姐又把我领到育儿房，教我如何察看

育儿房，如何辨别小幼虫和大幼虫。一只发育中的幼虫，每天要接受1300多次察看，哺育和饲喂都是在多次察看的基础上进行的。察看卵房简单，用的时间最短，只需要2~3秒钟。察看幼虫房要繁琐一些，需要知道幼虫的发育状况、食物多少等信息，用的时间较长，需要10~20秒钟。

我可以独立工作了

6月1日 周五 晴

　　昨天向蜂儿姐姐学会了如何察看育儿房，今天我开始见习了，独自来到育儿房巡查，检查蜂宝宝们的发育状况。外界的不良环境、不良的管理方法、不合适的食物、自身生理遗传、病原微生物的侵害，都会造成蜂卵、幼虫和蜂蛹的死亡。对那些有缺陷的或发育出现问题的蜂卵，都要及时清理出去，死了的幼虫或蜂蛹也要及时清理出去。然后，还要把腾出来的育儿房用树胶消毒、磨光，以便王后妈妈再次产卵。

我学会了饲喂大幼虫

6月2日　周六　晴

　　今天，我一大早就来到了花粉库房，4～6日龄的内勤蜂的一项工作就是调制蜂粮和饲喂大幼虫。花粉库房在育儿房和蜜房之间，建在这里，取食和饲喂幼虫都比较方便。我学着蜂儿姐姐的样子，在花粉房啃了几口花粉，又来到蜜房中吸了一点花蜜，然后仔细地咀嚼。蜂儿姐姐再三叮嘱，让我一定记住，只有4日龄以上的大幼虫才能吃蜂粮。我笑了，对蜂儿姐姐说："这个，我印象最深了，当初我就是4日龄时才吃到蜂粮的！"蜂儿姐姐也笑了。

我第一次飞出了家门

6月3日　周日　晴

经过几天的阴雨低温，今天总算天气转暖了。中午时分，我正在帮助一个刚出房的蜂儿妹妹清理蛹衣，就听到蜂儿姐姐叫我们5、6、7日龄的幼蜂都过去，把手头的工作交给其他日龄的幼蜂来做。蜂儿姐姐说："现在外面的天气非常好，应该带你们到外面去认巢试飞，不过咱们得事先说好，只有5分钟的时间，不能飞得太远，听见没有？""听见啦！"我们齐声回答。我们乐坏了，簇拥着向巢门口爬去，守卫蜂给我们让开了通道。

我又一次飞出了家门

6月4日 周一 晴

昨天的认巢试飞真的很爽，我们头朝家门悬空飞翔，时高时低，喧闹了一阵后才纷纷归巢。我初步掌握了飞行技巧，如果天气好，蜂儿姐姐还会让我们出巢，飞得更远、更高，让我们排便，顺便说一句，健康的蜜蜂是不在蜂巢内排便的。蜂儿姐姐说，认巢试飞要重复多次，要在蜂巢周围来回地飞，飞的圈子越来越大，熟悉蜂巢周围的地形、地貌和环境。今天天气晴朗，我们又一次飞出家门，并进行了第一次排便。

我学会了处理花粉

6月5日 周二 晴

今天我又一次来到了花粉库房，学习处理花粉工作。采粉蜂携带花粉团回巢后，马上就来到花粉库房，找一个空巢房或还没装满花粉的巢房，将腹部和后足伸进去，用中足将花粉团铲落在巢房中。接下来的事情，采粉蜂就不管了，要由我来处理。我先将花粉团咬碎，再用头把它夯实，然后吐一些花蜜润湿一下，这是一项工作。还有一项工作，就是将已经贮存70%左右花粉的巢房，在花粉上涂一层酿造好的花蜜，以便长期保存。

58

我为育儿房封盖

6月6日 周三 晴

　　幼虫发育到7日龄要进行封盖化蛹，这项工作主要由3~10日龄的内勤蜂来完成，今天我已10日龄了，所以我参加了这项工作。蜡是育儿房封盖的原料，我的蜡腺还没有发育好，不能分泌蜡。但问题不大，蜂儿姐姐们在造巢脾时，特意将巢房口的外缘修得很厚，比房壁厚3~4倍，存储了好多蜡在那里。还有，3个相连的育儿房交会处也存储了一些蜡。这些蜡要反复使用，蜂儿出房后，还要把这些蜡放回原处，下次再用。我们很快就完成了这项工作。

我见到了王后妈妈

6月7日　周四　晴

新出房的蜂儿很多，腾出来一些空巢房。我今天的工作是打扫卫生，让王后妈妈在空巢房里产卵。我勤奋地工作着，突然，不远处传来阵阵喊声："请让开路！请让一让！"我学着蜂儿姐姐的样子退到一边。一群侍卫簇拥着王后妈妈走来，我多么想跟王后妈妈打个招呼啊，出房后我还没见过王后妈妈。想见王后妈妈的蜂儿太多了，再加上众多的侍卫，我无法挤到王后妈妈的跟前，只好在远处翘足张望。王后妈妈在我刚打扫过的育儿房中产下了卵。

我可以哺喂小幼虫了

6月8日 周五 晴

在我头内两侧，有一对葡萄状的腺体，叫咽下腺，是我们工蜂所特有的。咽下腺能分泌白色的蜂乳，它类似于哺乳动物的母乳，可以哺喂蜂王、蜂王幼虫、3日龄内工蜂及雄蜂的幼虫。新出房的幼蜂，咽下腺不发达，要逐渐发育，

9~18日龄的蜜蜂咽下腺最发达，18日龄后开始退化。我正处在咽下腺的青春发育期，所以这几天特别忙，好多好多小幼虫需要我分泌蜂乳哺喂。一只小幼虫一天要哺喂140多次，要累计花费100多分钟。

我会酿蜜了

6月9日 周六 晴

酿蜜的工作并不十分复杂，需要的只是耐心和时间，这是我的感觉。我从一只刚回巢的采集蜂那里接收了花蜜，把它们暂时储藏在腹中的蜜囊里。在一个还算宽敞的地方，我吐出一小滴花蜜，用口喙尽可能将其展平，让花蜜里的水分尽量蒸发，并加入我的唾液，这会使花蜜发生神奇的变化，更加富有营养。要经过多次这样的过程，才能完成花蜜的酿造。

我可以分泌蜡液了

6月10日 周日 晴

　　今天，我不经意地发现，从腹部掉下来一片白色透明的鳞片，真奇怪啊，仔细看了看，原来是蜡腺分泌的蜡鳞。算算日子，我已经是14日龄的青年蜂了，已到了蜡腺发育的时候。蜡腺是我们工蜂所特有的，长在腹部，有 4 对，13～18 日龄工蜂蜡腺最发达。这种蜡鳞可以用来筑造蜂巢、蜜房和育儿房封盖。我们分泌蜡液期间，吃得要好，而且不能缺少花蜜和花粉，只有花蜜和花粉充足，才能分泌更多的蜡鳞。

我又做了一件新工作

6月11日 周一 晴

　　花蜜在没有酿造成熟前，是不能封蜡盖的。花蜜刚采回来时，含水量高达40%以上，这样的花蜜不易存储，很容易发酵、变酸，还含有一些不易消化的糖分。要经过反复酿

造，把不易消化的糖分转化成容易消化的单糖，把水分降到18%以下。花蜜酿造成熟后，要集中存放在特定的蜜房中，装满后由内勤蜂分泌蜡液封上蜡盖，以保证花蜜的品质和满足长期贮存的需要。今天，我做的事情，就是把酿造成熟的花蜜封上蜡盖。

我做了王后妈妈的侍卫

6月12日 周二 晴

今天，蜂儿姐姐通知我，让我去照顾王后妈妈，做它的侍卫。并不是所有蜂儿姐妹都有机会做王后妈妈侍卫的，妈妈的孩子太多了，能够被选中是我的荣幸。我把全身上下梳

理干净，备足了花蜜和花粉，来到王后妈妈处报到。王后妈妈见到我很高兴，我先给它梳理，然后是全身按摩和哺喂蜂乳。王后妈妈产卵时，我与其他侍卫姐妹们手拉手，围成了一个保护圈。王后妈妈被我们围在中央，真的是好威风啊！

我泌蜡筑巢了

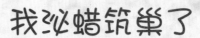

6月13日 周三 晴

蜂巢由巢脾组成。天然的蜂巢，中央的巢脾最大，两侧依次渐小，好像一个半球形。而家蜂巢，则是在人类提供的巢础上修造的。巢脾上是一个个正六边形的巢房，房壁很薄，只有0.07毫米。巢房有工蜂房、雄蜂房、王台基和不规则的过渡房之分。造一个工蜂房要50片蜡鳞，造一个雄蜂房要120片蜡鳞，一片蜡鳞的重量约为0.25毫克。这是一件十分重要的工作，我感到非常自豪。

我处理了一次险情

6月14日 周四 晴

　　警报，警报，蜂巢出现了一个裂缝！蜂儿姐姐赶紧带着树胶冲了上去，我和几个蜂儿妹妹也过去帮忙。我们把蜂儿姐姐花粉筐中的树胶一点一点地啃咬下来，直接填堵到裂缝上去。裂缝宽的地方，我们又分泌了一些蜡质，与树胶合在一起填堵。树胶的用途可大了，除了堵塞缝隙，还可以用它来缩小巢门、连接固定巢脾、包埋入侵小动物尸体和消毒、磨光巢房等。

嗡~ 嗡~~

我在家门口扇风

6月15日 周五 晴

今天又是一个大热天，采水蜂挑水进入蜂巢，喷洒到各个角落。我和姐妹们站在巢脾上和蜂巢入口处，用我们的翅膀扇风，让空气流动，蒸发水分，降低温度。中午过后，天气更加闷热了，蜂巢需要整体通风换气。我又和姐妹们在巢门前有序地排列起来，用我们的翅膀组成一部"链式扇风装置"，把过热的空气排到巢房外。

我学会了跳舞

6月16日　周六　晴

　　蜜蜂之间的交流，主要是靠蜂舞和信息素来完成的。蜂舞能准确表达食物的方向、距离、种类、质量和数量。今天，我和蜂儿姐姐学会了跳圆舞、新月舞和摆尾舞。圆舞表示食物距离蜂巢10米以内，不表示方向；新月舞表示食物距离蜂巢10~100米之间；摆尾舞表示食物距离蜂巢超过太阳

摇摆

角度　食物

100米。摆尾舞还通过掉头、摆腹、前进的次数来表示食物的距离，比如在15秒内掉头10次，指示食物的距离为100米，掉头8次表示食物的距离为200米等。怎么样，很神奇吧！

我参与了王台筑造

6月17日 周日 晴

王台，也称蜂王房，是专门用来培育新王后的，是一种圆形、口朝下的大巢房，根据需要可以建造几个或十几个。族群内建造王台，目的很明确，就是要分家或王位更迭。族群发展大了，就要分家，这是蜜蜂繁衍、生存的需要。妈妈老了或身体不好，就要培养一个新王后来接替王位。我心里十分清楚，十几天后，族群内将会有一场家庭政变，或是王后妈妈离开，或是它让位。也许我看不到，但政变终究会发生的。

我的神圣工作

6月18日 周一 晴

　　王后妈妈苍老了许多，它每天都很辛苦、劳累，一天要产近2000粒的卵，这几乎接近它的体重了。王后妈妈是无奈的，这是繁衍后代的需要，也是它的职责所在。我看护的是王台中的一粒卵，它的王后地位已经确定，享受着特殊的待遇。孵化成幼虫后，它会一直吃蜂乳，每隔5分钟左右就要哺喂它一次，而且每次得到的数量也比我们工蜂多近10倍。它的发育期很短，16天就可以出房，这自然是蜂乳的功劳。

我今天的任务是巡逻

6月19日 周二 晴

我们蜜蜂的分工是随时变化的，不固定的，有些则是遇到紧急情况临时商定的。今天我被分配担任巡逻任务。巡逻蜂没有很具体的工作，大部分时间休息待命，少部分时间在巢穴内巡逻。巡逻蜂的主要任务有：作为预备力量，用于紧急情况的处置；预测族群方方面面的需要；调节巢穴温度或抵御外敌侵袭。作为一名战士，我感到非常自豪！

我去采集花蜜了

6月20日　周三　晴

　　蜂儿姐姐说，外勤采集是蜜蜂一生中最具挑战性的工作。今天，我高兴地飞出了家门，飞到花丛中采集花蜜。我在花丛中飞来飞去，拜访了好几百朵花儿。花儿们争芳斗

艳，个个对我笑脸相迎。花儿的蜜腺分泌出好多好多的花蜜，任我尽情地采食。我很快装满了一蜜囊的花蜜，飞回家，把花蜜传递给了几只内勤蜂。稍作休息后我又飞了出去。我今天飞出去十多次，每次都把蜜囊装得满满的。蜜囊一次能装大约 40 毫克花蜜，这几乎是我体重的一半。

我白天采花粉，晚上酿蜜

6月21日 周四 晴

　　天气和花源好的时候，我和姐妹都非常高兴，因为可以采回好多的花蜜。花蜜多了，来不及酿造，我们就把花蜜暂存到空巢房中，或者将花蜜分成小滴，暂存在卵房或幼虫房的墙壁上。一般是白天采回花蜜，晚上酿造。酿蜜时，一部分蜂儿要在巢门口、巢内壁、巢脾上扇风，将潮气排出去。酿造完成后，我们再把这些酿好的花蜜集中起来，装进空巢房储存起来，以备他日之需。

雄蜂哥哥与我打招呼

说起我的雄蜂哥哥们，它们不仅长得壮实，飞行时也嗡嗡作响。它们整日游手好闲，出出进进，什么互作都不做，有时甚至懒得去吃饭，向我们姐妹要现成的。今天主动和我打招呼的雄蜂哥哥，就是为了要吃的。雄蜂哥哥们没有群

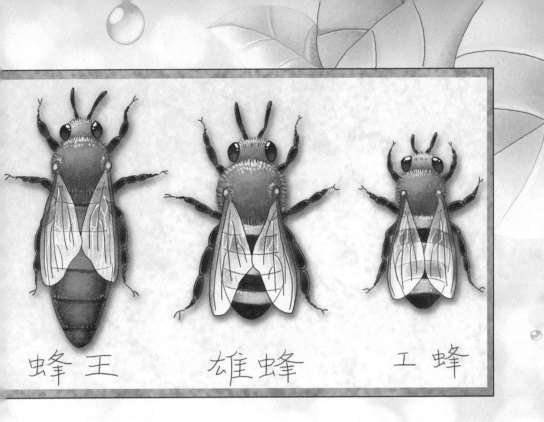

蜂王　　　　雄蜂　　　工蜂

界，随意出入任何一个族群。过了繁殖季节，各族群就不再喜欢它们了，蜂儿姐妹们会联合起来，把它们赶出家门。哥哥们不会采集，所以也就没吃的了，最后只能是冻饿而亡，挺惨的。

我去采集花粉了

6月23日 周六 晴

今天，我来到离家不远的山间采粉，那里花儿绽放。采粉的诀窍，是如何让更多的花粉黏附在身上。早晨、阴天、雨后容易采集，干旱的天气几乎采集不到花粉。我用身体表面的绒毛黏附花粉粒，用前足和后足收集黏附在身上的花粉，然后将花粉集中到花粉筐中。这一系列的动作，都是在采集飞行中完成的。每次采集花粉量为12～29毫克，我今天去了十多次。

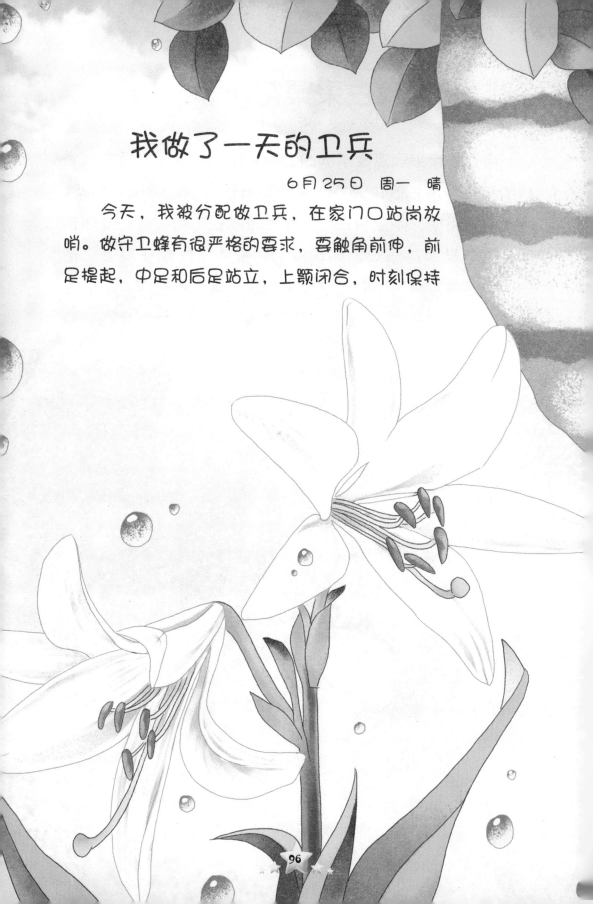

我做了一天的卫兵

6月25日 周一 晴

今天，我被分配做卫兵，在家门口站岗放哨。做守卫蜂有很严格的要求，要触角前伸，前足提起，中足和后足站立，上颚闭合，时刻保持

警惕。每一名守卫蜂都有自己的巡逻区域，对进巢的蜜蜂进行逐一检查，通过蜂体上特有的群味来辨别是否为本群蜜蜂。如果发现群味不对的其他群蜜蜂，守卫蜂要张开上颚，展开翅膀，释放报警信息素。其他守卫蜂接到报警信息后会立刻过来增援，驱赶过程中遇到抵抗，便会发生激烈的厮杀。

我今天的任务是采水

6月26日 周二 晴

　　除了采集花蜜和花粉外，采水也是一件非常重要的工作，尤其在早春哺育幼蜂期间和高温干旱季节，蜂群需要大量的水。采水并不复杂，找到水源，将水吸入蜜囊，回巢后用舞蹈招呼幼蜂，马上会有四五只幼蜂聚来，把水发给它们就行了。接到水的幼蜂会将水分散成雾状的小水滴，放置在巢内的各处，让水分蒸发降低巢温和调节湿度。我一次能采回约25毫克的水，今天一共采了50次。

我又学会采盐了

6月27日 周三 晴

我今天的任务是采盐。平时，从花蜜和花粉中就可以获得足够的盐分，不需要额外补充。可是当蜜源不足养蜂人以糖浆替代时，或者盛夏酷热代谢能力下降时，往往会导致缺乏一些盐分。盐分缺乏会影响幼蜂的发育和成蜂的体质，因此，就要到外面去采盐，补充所需。盐分的来源有限，我们偶尔到厕所小便池里去采集，有时甚至会飞落到人类的皮肤上去采集汗渍。更多的时候，我们到养蜂人在蜂巢附近准备的饮水器中采集，他们在水里加了盐分，既采水又采盐，方便卫生。

我去寻找新蜜源

6月29日 周五 晴

我们家有几万名兄弟姐妹，每天要消耗很多的花蜜和花粉，所以，只要天气允许，每天都要出去采集，保障日常消耗和储备。蜂巢附近已经没有蜜源了，我今天要飞到离家3千米的地方去寻找新蜜源。通常我们是不到这么远的地方去采集的，体能消耗太大，也劳累。有时迫不得已，我们也会采集一些甘露或蜜露来充饥，不过这会损害我们的健康，甚至还会中毒。有时，我们也会到其他族群中去盗取花蜜，但危险性很大，常会遭到对方的抵抗和反击。

我去采集树脂

6月30日 周六 晴

今天，我被分配到丛林中去采集树脂。采集、利用树脂是我们西方蜂所具有的特性，东方蜂是不采集树脂的。采集树脂几乎都是族群中的老年蜂，是一件很辛苦的工作。采集时要在前足的帮助下，用上颚撕咬下一小块树脂，混入分泌液软化，用上颚揉捏成团，再在中足的协助下，将胶团放入后足的花粉筐中，还要用中足不停地拍打胶团，直到装满花粉筐。采集一次需要15～60分钟。

我参加了同胡蜂的战斗

7月1日 周日 晴

巢门前布置多少守卫蜂，与蜜源有关。蜜源好，没有盗蜂，巢门前守卫蜂的数量就少。天敌来袭，守卫蜂就会增多。今天，我接到报警，有胡蜂来犯，赶紧前去增援。我赶到巢门前时，守卫蜂已增加到了几十只。我们在巢门前排成几列，一起摆动腹部，发出"唰唰"的恐吓声。今天来的胡蜂个头很大，在外面肯定打不过它，我们退入巢门内。大胡蜂进了巢，我们一起冲上去与胡蜂厮杀，最终将其杀死。我们的伤亡也很大，我受了点轻伤。

王后妈妈飞走了

7月2日 周一 晴

今天天气很好，但大家却没有去干活。我知道，家庭政变很快就要发生了。在王台封盖后的几天里，侍卫蜂减少了饲喂王后妈妈蜂乳的次数，它的腹部逐渐变小，停止了产

卵。巢外，先是几个蜂儿姐妹在巢前低空飞绕，然后逐渐增多，一两分钟后，如决堤之水，成群的蜂儿从巢口涌出，嗡嗡之声响彻四周，王后妈妈在众多蜂儿的陪伴下，飞离了生活大半辈子的家。它们在附近绕飞了一阵，选择了一个树干结团休息，等待侦查蜂的消息，再建新家。

我留在了老家

7月4日 周三 晴

　　王后妈妈带着近半数的蜂儿姐妹飞走了，离开了它婚飞后生活的老家。跟随王后妈妈飞走的是些青壮年蜂，留下来的多是出房不久的幼年蜂和老年蜂。我已经老了，前几天还受了点伤，飞不动了，只好留在老家。老家也需要照顾，蜂儿妹妹们都还小。我虽然干不动重体力活，但干点轻活还是没问题的。老家显得空荡荡的，好在蜂儿姐妹们都很坚强，并没有垂头丧气。新的王后妹妹很快就会出来执政，一切都将步入正轨。

我老了，变得很难看

7月5日　周四　晴

刚出房时，我长得很漂亮，身上披着一层密密的绒毛。这身绒毛保护了我的身体，躲过了酷暑和严冬。尤其是我头部和胸部的绒毛，它们分叉或呈羽状，这对采集花粉具有特殊的意义。可是现在，我身上的绒毛已经快磨损光了，翅膀也在无数次采集飞行中受伤，被刮出了残缺，还有一条腿在与胡蜂搏斗中受了伤，走起路来一瘸一拐的。

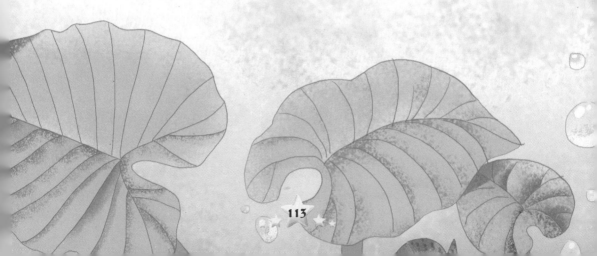

王后妹妹出生了

7月6日　周五　晴

　　在王后妈妈离家的那天，姐妹们咬去了培育王后妹妹王台顶部的蜡盖，露出了王台内的茧衣。今天，王后妹妹用锐利的上颚咬开了一条裂缝，用头部顶开茧衣，伸出前足和中足，从王台中爬了出来。王后妹妹出台后，表现得十分活跃，它要做的第一件事，就是寻找并毁坏其他王台。王后是从不允许别的王后再出生的，一定要将其扼杀在摇篮之中，防止出生后与它争夺王位。

王后妹妹婚飞了

7月12日 周四 晴

新出房的王后妹妹，虽然常有几只蜂儿围绕在它周围，但却很少饲喂它。王后妹妹的体重已由200多毫克下降到了现在的160多毫克，变得苗条秀丽了。王后妹妹出房都已经6天了，今天气温高，二十多摄氏度，一点风都没有，正是婚飞的好日子。中午过后，王后妹妹梳洗打扮了一番，又来到蜜房中饱食了花蜜，离家去寻找它的如意郎君。这样的好天气，正值青春期的雄蜂哥哥也不肯待在巢内，成群地在空中飞翔，等待心仪的姑娘到来。

我要站好最后一班岗

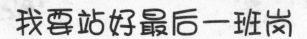

7月15日　周日　晴

王后妹妹婚飞后，侍卫蜂开始哺喂它大量的蜂乳。王后妹妹的腹部慢慢膨大、伸长，马上就要产卵了。我老了，巢内外的工作都由蜂儿妹妹们抢着干，它们很尊敬我，见

面都和我打招呼。我待不住，在巢内到处找一些轻活来干，一会儿帮助新出房的幼蜂清理残余蛹衣，一会儿帮助采胶蜂把花粉筐中的树胶卸下来，一会儿又从采水蜂那里把水接过来……总之，我要为这个家，做我能做的一切，奉献我的一切，直到生命的终止。

永别了，我的蜂儿姐妹

7月20日　周五　晴

　　与我一起出生的蜂儿姐妹，大多都因劳累过度死去了，还有一些因感染不治之症过早地死亡了。我是幸运的，活到了今天，我已经不能再为这个家做什么了，该与这个家告别了。我一点儿都不悲观沮丧，我说了我是幸运的。一个有五六万只蜂儿的大家庭，每天都会有500多只蜂儿因各种原因死去，除了蜂王，大约4个月工蜂就要全部更换一次。我慢慢地爬出家门，不舍地回头望了望，永别了，我的家，我的蜂儿姐妹们！